STATISTIQUE DÉMOGRAPHIQUE

DE LA

VILLE DE NIMES

COMPARÉE

1876-1888

PAR

LE DOCTEUR E. MAZEL,

NIMES

IMPRIMERIE CLAVEL ET CHASTANIER

F. CHASTANIER, SUCCESSEUR

12 — RUE PRADIER — 12

1888

STATISTIQUE DÉMOGRAPHIQUE

DE LA

VILLE DE NIMES

STATISTIQUE DÉMOGRAPHIQUE

DE LA

VILLE DE NIMES

COMPARÉE

1876-1888

PAR

LE DOCTEUR E. MAZEL,

NIMES
IMPRIMERIE CLAVEL ET CHASTANIER
F. CHASTANIER, SUCCESSEUR
12 — RUE PRADIER — 12

1888

STATISTIQUE DÉMOGRAPHIQUE

DE LA

VILLE DE NIMES

COMPARÉE

1876-1888

par M. le docteur E. MAZEL,

La ville de Nimes, assise au pied des collines Néocomiennes dont le relèvement constitue, au Nord, le plateau ondulé qui sépare les vallées du Gardon et du Vistre, a pris de nos jours, personne ne l'ignore, un développement d'une réelle importance (1).

(1) Situation : 43° 30' 35" de latitude, et 22° 1' 11" de longitude, méridien de Paris. — Altitude variable : à la place aux Halles, c'est-à-dire au centre de la ville, 46 mètres au-dessus du niveau de la mer.

Points extrêmes : seuil de la Gare des Voyageurs, 39 mètres 69 cent.
Maison Centrale, Jardin de l'infirmerie .... 73 mètres 50 cent.

Nimes, considéré au point de vue géologique, repose, dans sa partie supérieure, sur le terrain pliocène ou subapennin, caractérisé ici par un sable fin, jaune, mêlé de grains quartzeux et renfermant de nombreux échantillons fossiles, entre'autres l'*Ostrea ondata ;* plus bas, dans la vallée du Vistre, dite *Vistrenque*, on trouve un calcaire mœllon ou coquillier avec bancs d'argile rouge et bleue, lesquels n'ont pas moins, çà et là, de 50 mètres d'épaisseur.

Ce dernier terrain est recouvert par un conglomérat dur et compacte, sorte de béton dû aux alluvions anciennes de la période quaternaire ; immédiatement au-dessus s'étend une couche plus ou moins épaisse de terre végétale, produit des alluvions contemporaines.

Sa superficie, en y comprenant la ligne du chemin de fer, les nouveaux quartiers de l'artillerie, le Mont Duplan et quelques autres annexes, ne mesure pas moins de 400 hectares, en chiffres ronds.

Sa forme est un peu ovale. Le grand diamètre qui s'étend du pont biais, sur la route de Montpellier, au pont-viaduc du chemin d'Uzès, est de. .... 3.300m.

Le petit diamétre, dirigé du Nord au Sud, depuis le point culminant de la Maison Centrale, au-dessus du réservoir de la Porte d'Alais, jusqu'à l'octroi du chemin d'Arles, est de.............................. 2 400m.

Enfin, la distance actuelle qui sépare le Pont de Sauve, vers l'Ouest, c'est-à-dire à la jonction des chemins du Vigan et d'Alais, du parc à fourrages, sur la route de Lyon, à l'Est, comprend..................... 3.600m.
et jusqu'au Pont de Justice, par la route....... 4.750m.

Dans ce vaste périmètre qui, calculé sur le chemin de ronde, c'est-à-dire d'une barrière de l'octroi à l'autre, renferme 14 kilomètres, se presse une population de 70.000 habitants, occupant 6.051 maisons et formant 19.240 ménages.

L'ensemble des rues, places et boulevards, au nombre de 325, constitue, assure-t-on, un développement d'environ 75 kilomètres.

Le dernier recensement officiel, pour l'année 1886, attribue à Nimes 69.898 habitants, y compris les hameaux de Courbessac et Saint-Césaire, la banlieue proprement dite et la population flottante.

Le chiffre de celle-ci doit se décomposer de la façon suivante :

Garnison (artillerie et infanterie).. .... 3.435 hommes
dont 172 officiers (1).

(1) 55e de ligne.............................. 45 officiers.
19e d'artillerie.............................. 56
38e id. 53
Officiers sans troupes.................. 18
———
172

Etat communiqué en janvier 1888, par M. A. Perruche, archiviste des reaux d'Etat-major, à Nimes.

Report.....	3.435 hommes
Maison Centrale.....................	1.097 détenus.
Hospices, asiles, orphelinats, refuges...	936
Instruction publique, communautés religieuses.....................	2.484
Total.....................	7.015

D'autre part, le hameau de St-Césaire compte	1.905 hab.
le hameau de Courbessac	904
Les maisons dispersées de la banlieue.......	315
Ensemble.....................	1.219 hab.

Sur cette population, le même dénombrement nous fait connaître qu'il y a, fixés à Nimes, 666 étrangers.

Enfin, au point de vue du culte, j'emprunte à la *Statistique* de 1876, les chiflres suivants, dont les proportions n'ont guère varié depuis :

Catholiques.....................	46.986
Protestants.....................	15. 608
Israélites.....................	385
Culte inconnu.....................	109
	63.709 habitants.

***

Il n'est peut-être pas inutile de mettre ici en regard les divers dénombrements de notre ville qu'on trouve dans les anciens documents, et que M. Charles Liotard a pris soin de nous faire connaître (1).

Je laisse de côté les appréciations plus ou moins contestables (2), qui donnent à Nimes, à la fin
du XIVe siècle .... 18.000 hab.

(1) *Mémoires de l'Académie de Nimes*, 1863, 1868 et suiv.

(2) Le périmètre de la ville Romaine nous autorise à lui attribuer 30.000 habitants environ, comme expression de la vérité probable. Du IIe au Xe siècle, ce chiffre a dû baisser considérablement. La répartition des feux, en 1384, donne 400 feux à Nimes, ce qui, à 4 ou 5 têtes par feu, fournit 18.000 habitants. (*Promenade d'un curieux, dans Nimes*, par F. Germer-Durand). 1874.

Vers la fin du XVIe, sous François Ier.......	22.000 hab.
Et à la fin des guerres de religion, au temps d'Henri IV..........................	14.000

Les sources auxquelles a eu recours notre secrétaire perpétuel lui ont fourni :

Pour 1722..........................	18.141 hab.
En 1734..........................	20.225
En 1783..........................	39.500

De 1789 à 1825, les diverses évaluations, fort incertaines d'ailleurs, consignées dans les *Mémoires du Temps*, oscillent entre 30.000 et 50.000 habitants !.....

C'est surtout à partir de 1830 et 1831 que les dénombrement prennent un caractère d'exactitude et de grande régularité. Nous pouvons ainsi relever :

En 1831..........................	40.000 hab.
En 1836..........................	43.036
En 1841..........................	44.657
En 1846..........................	49.442
En 1856..........................	51.291
En 1866..........................	55.723
En 1876..........................	63.091
En 1886..........................	69.898

Si l'on veut bien se rappeler que, suivant les témoignages les plus compétents, dans les dénombrements des grandes villes, il y a, environ 3 à 4 % des habitants, qui pour des motifs divers, refusent toute espèce de renseignements et ne peuvent par conséquent être recensés, le chiffre officiel précité de 69.898 habitants, pour la ville de Nimes, ne serait pas rigoureusement exact.

Je suis très porté à croire, en effet, que notre population effective atteint en ce moment, si elle ne le dépasse, le chiffre de 72.700 habitants. Ce qui donne pour l'enceinte de la ville une agglomération de 70.074 habitants.

Population par sexe.

Il résulte de l'examen comparatif des tableaux statistiques, dressés à l'Etat civil pour les années 1885, 1886 et

1887, que, au point de vue du sexe, le nombre des femmes l'emporte sur celui des hommes.

Cette même supériorité numérique de la population féminine sur la population masculine, constatée par les tables de survie dans presque tous les Etats européens, donne une proportion moyenne de 1.025 femmes pour 1.000 hommes, vivants sur notre Continent.

Un telle différence en faveur du sexe féminin s'explique naturellement par la plus grande consommation habituelle du sexe fort, même en temps normal, consommation amenée par la nature et par suite le surmenage des travaux manuels auxquels il se livre, les excès de toutes sortes dont il ne sait pas se garantir, la conscription, etc.

Un détail à remarquer, c'est que cette même proportion de 1.025 femmes pour 1.000 homme, telle qu'elle existe en Europe (1), semble ne plus être que de 990 femmes en Afrique, de 971 en Amérique, de 960 en Asie et de 843 en Océanie.

Je suis loin de garantir la rigoureuse exactitude de ces derniers chiffres, qui ne m'appartiennent en rien.

Quoiqu'il en soit, il convient de retenir ce point précis, à savoir : que les tableaux de la natalité, variables à peine de quelques fractions en Europe, donnent en France, d'une manière constante, 105 ou 106 garçons pour 100 filles.

Notre ville, avec ses chiffres de :

838	garçons pour	819	filles	en	1883
858	—	833	—		1884
842	—	810	—		1885
776	—	750	—		1886 (2)

se ropproche sensiblement de cette moyenne, sans néanmoins l'atteindre. La population reste en effet de 103 garçons pour 100 filles.

(1) De la naissance à 2 ans, le sexe masculin prédomine ; de 2 à 14 ans, les deux sexes sont équivalents ; de 20 à 55, variable (en moyenne de 1 à 55 ans il y a plus d'hommes) ; au-delà de 55 ans, le nombre des femmes est plus grand. C'est la loi ordinaire dans tous les pays.

(2) En 1887 : 828 garçons pour 751 filles. (Voir le tableau annexe n° 1.)

La ville de Marseille, par une anomalie inexplicable ou du moins inexpliquée, est peut-être seule en France à présenter une proportion plus inférieure encore à cette moyenne, puisque dans les divers recensements, non compris celui de 1886, on ne trouve que 102,8 garçons, pour 100 filles (1).

Population par âge.

En ce qui concerne l'âge des habitants de notre ville, il eut paru intéressant de le déterminer par années ou par périodes de cinq ans en cinq ans, à partir de la dixième année par exemple.

Ce travail n'a pas été fait. Je me trouve, en conséquence, dans l'obligation d'avoir recours aux statistiques démographiques, dressées avec un soin rigoureux et sur documents officiels, des villes de Paris, Lyon et Marseille.

D'après le relevé que j'en ai fait, il appert que la période quinquennale qui comprend le plus grand nombre d'individus vivants, est celle de 20 à 25 ans. Viennent ensuite, et d'une façon assez irrégulière, les périodes tantôt de 15 à 20 ans, tantôt de la naissance à 5 ans, quelquefois de 30 à 35 ans, une autrefois de 10 à 15 ans. A partir de 40 jusqu'à 100 ans, la gradation est régulièrement descendante. Elle se précipite de 80 à 85 ans. A partir de 90 ans, on trouve encore quelques dixaines d'individus vivants dans les grandes villes. Au delà de 95 ans, il ne reste plus que des unités. Les centenaires sont naturellement très rares (2).

(1) A Lyon, la proportion des hommes est constamment inférieure à celle des femmes. Celles-ci comptent un grand nombre de célibataires, et parmi les femmes mariées, moins de veuves que dans le reste de la France. L'excédant de la population féminine est dû à l'immigration, car ici comme partout, la proportion des femmes nées en ville ou dans le département est sensiblement inférieure à celle des hommes de même origine. (*Lyon Médical*, février 1888, p. 202.)

(2) *Longévité dans ses rapports avec l'hygiène.* — Au Congrès International d'hygiène tenu à Vienne, du 26 septembre au 2 octobre 1887, M. le professeur Corradi, a, en français, entretenu ses confrères de cette

L'âge qui prédomine est celui de 24 ans. Viennent ensuite ceux de 23, 22, 21, 3, 20, 5 ans.

Voici, du reste, à l'appui de ces assertions, deux tableaux qui reproduisent avec une scrupuleuse exactitude la population de deux grandes villes, classée par période quinquennale, selon l'âge des habitants :

Age des habitants de 5 ans en 5 ans	Lyon (1) 400.410 habitants recens. de 1886	Marseille 357.530 habitants recens. de 1881	
0 ans à 5 ans	30.000	23.052	
5 — à 10 —	32.500	24.478	
10 — à 15 —	36.000	27.539	
15 — à 20 —	40.500	34.408	
20 — à 25 —	52.500	47.737	
25 — à 30 —	32.000	30.654	
30 — à 35 —	35.000	33.383	
35 — à 40 —	31.500	30.652	
40 — à 45 —	28.000	26.882	
45 — à 50 —	22.000	20.443	
50 — à 55 —	18.000	17.655	
55 — à 60 —	14.000	13.744	
60 — à 65 —	28.410	10.834	26 981
65 — à 70 —		7.871	
70 — à 75 —		4.270	
75 — à 80 —		2.361	
80 — à 85 —		1.069	
85 — à 90 —		430	
90 — à 100 —		146	
Ages inconnus...	»	52	
	400.410 hab.	357.530 habit.	

grave question. La statistique a permis de constater qu'en Italie, dans les vingt dernières années, on avait enregistré 8 centenaires par million d'habitants. Sur les 380 individus dépassant leur siècle, 228 étaient dans la 100e année, 130 dans la 105e et 16 dans la 110e année.

(1) Le tableau concernant la ville de Lyon, quoique vrai en lui-même et pour l'ensemble de la population, n'offre peut-être pas une rigueur mathématique pour les chiffres de chaque période quinquennale considérée isolément Les renseigne-

L'étude attentive de ce tableau ne laisse pas que de suggérer quelques réflexions :

Tout d'abord, on remarquera avec quelle lenteur le quotient s'élève et grandit de la naissance à 19 ans. Il y a là une sorte de progession régulière et soutenue.

De 20 à 25 ans, le chiffre de la population est considérable ; il diminue rapidement de 25 à 59.

A 60 ans et au-delà, c'est, qu'on me passe l'expression, une véritable descente funèbre de la Courtille.

Il n'est peut-être pas sans intérêt de faire observer, que dans un pays où tout est soumis aux fantaisies du suffrage universel, le chiffre des électeurs sans grande expérience de 20 à 25 et même à 29 ans, l'emporte de beaucoup sur celui des vieilles barbes de 50 ans et au-delà. Que sera-ce, si on veut se mettre en mémoire un instant, qu'à l'origine, l'attrait de la nouveauté, l'ardeur juvénile, *le far niente*, l'entraînement de la vie politique, poussent au scrutin la masse électorale, tandis que les travaux de toute sorte, les infirmités, les soucis et les désillusions, retiennent le plus souvent chez eux un trop grand nombre d'électeurs avancés en âge ?

Je ne sais si je me trompe, mais il me semble bien que ce ne sera pas trop de toute la sagesse des hommes mûrs de 30 à 50 ans, pour contenir la fougue des jeunes gens et rétablir l'équilibre en faveur des idées d'ordre, de paix et de stabilité sociale.

Quoi qu'il en soit, les recherches minutieuses auquelles je me suis livré, touchant notre ville, sur cette question particulière de la population par âge, me permettent de considérer comme empreintes d'une grande exactitude les moyennes que je viens d'établir.

ments recueillis à ce sujet m'ont mis dans la nécessité de négliger les fractions.

J'emprunte le tableau des âges pour la ville de Marseille aux recherches si complètes de M. le docteur H. Mireur, insérées dans le *Marseille médical*, années 1886 et 1887. Comparer les deux relevés faits par le même auteur sur les deux derniers recensements de 1881 et 1886, *loco citato*, 23e année, p. 212 et 588 et suiv.

Natalité.

« Dans les études qui concernent le mouvement d'une » ville ou d'un état, écrit le docteur H. Mireur, de Mar- » seille, les chiffres relatifs aux naissances et aux décès, » constituent les principaux éléments des comparaisons, si » utiles à tant de titres, à ce genre de travaux. Ils doivent, » en conséquence, être exposés avec précision » (1).

C'est ce que je me propose de faire, autant qu'il me sera possible.

Ce n'est un secret pour personne que, depuis de bien longues années, la population en France s'accroit dans des proportions vraiment dérisoires.

Tandis que l'Angleterre qui, en 1789, ne comptait que 12 millions d'habitants, en compte maintenant 35 millions; que l'Autriche, dans la même période, s'est élevée de 18 à 39 millions ; l'empire d'Allemagne, de 10 à 46 millions, et la Russie, de 25 à 85 millions, la population de la France ne s'est accrue que de 12 millions (2).

D'après les chiffres de M. Levasseur (de l'Institut), la France comptait, en 1700, une population de près de 20 millions d'habitants ; en 1789, de 26 millions ; en 1815, de 30 millions, et en 1881, de 37 millions.

Cette population, comparée à l'ensemble de la population de l'Europe, en formait, en 1700, le 38 pour 100 ; en 1789, le 27 pour 100 ; en 1815, le 20 pour 100 ; en 1881, le 13 pour 100, et aujourd'hui, en 1886, à peine le 10 pour 100.

Il serait intéressant de rechercher les causes multiples auxquelles doit être attribué un semblable amoindrissement. Elles sont certainement de plus d'un genre, mais l'instabilité de nos institutions politiques, depuis bientôt un siècle, la division excessive de la propriété peut-être qui en a été l'une des conséquences, les entraves apportées à la liberté du père de famille par la législation en cours

(1) *Marseille Médical*, 1886.

(2) Les Etats-Unis, qui comptaient à cette même date 3 millions, en renferment, à l'heure actuelle, bien près de 60 millions.

sur les héritages, un amour effrené du bien-être et par suite la mise en pratique de calculs odieux (1), méritent de figurer au premier rang.

Je laisse à d'autres le soin d'étudier et de résoudre ce difficile problème, et je reviens à notre ville de Nimes.

Nimes, considéré au point de vue de la population croissante, est en voie de progrès, comme la plupart des villes au-dessus de 30.000 âmes, progrès lent mais indéniable. M. Charles Liotard, qui a contribué cinq fois au moins et pour une large part aux opérations complètes du dénombrement, a établi, à la suite de contrôles minutieux, que l'accroissement à peu près normal de la population totale se chiffrait par 2.000 individus environ pour chaque période quinquennale. Cela est vrai pour les dénombrements officiels de 1856 à 1876, comme pour ceux de 1881 et 1886.

Malheureusement, la natalité n'entre que pour une faible part dans cette augmentation régulière de la population urbaine. Le facteur principal se retrouve ici, comme partout, dans l'immigration des gens de la campagne (2).

J'ai cru devoir dresser le tableau suivant, qui relate depuis 1876 (pour ne pas remonter plus haut), le chiffre des naissances, par année et par sexe :

(1) C'est ce qu'on appelle, à tort ou à raison, du nom d'un célèbre économiste *le Malthusianisme*.

(2) Près de la moitié de la population Lyonnaise, pour chaque sexe, tire son origine des départements ou de l'étranger. L'immigration des femmes est encore plus considérable que celle des hommes, ce qu'il faut attribuer, en grande partie du moins, à l'industrie de la soie qui emploie un grand nombre de femmes. On a cité pour les recensements de 1861 et 1881 : sexe féminin, 192,248 ; sexe masculin, 180,655.

(Lyon Médical, loco citato.)

Années.	Morts-nés	Sexe masculin.	Sexe féminin.	Total des naissanc.	Total des décès
1877	123	852	792	1.644	1.676
1878	104	784	774	1.558	1.977
1879	96	813	768	1.581	1.635
1880	104	795	752	1.547	1.887
1881	114	818	746	1.564	1.801
1882	131	773	798	1.571	2.043
1883	135	838	819	1.657	1.994
1884	142	858	833	1.691	1.965
1885	159	842	810	1 652	1.913
1886	124	776	750	1.526	1.659
10 ans		8.149	7.842	15.991	18.590
	1.232	....	....	1.232	
				17.223	17.223
				Excèdant..	1.447

Je néglige à dessein la mention des naissances bi et trigémellaires.

A s'en tenir à ce tableau, il semble bien qu'à partir de 1878 jusqu'à 1886 exclusivement, le nombre des naissances semble avoir suivi une progression irrégulièrement croissante. Mais il n'en est rien, et si on le compare au chiffre de la population, on en vient tout au contraire à constater un amoindrissement progressif dans la natalité. Cet amoindrissement est fortement accusé en 1886, qui reste l'année la plus faible durant cette période décennale.

En calculant la proportion des naissances par année et par 1.000 habitants, j'arrive aux moyennes de :

24,5 et 23, ... pour la période de 1877 à 1881

23,7 et 21,8 .... pour la période de 1881 à 1886

ce qui représente une moyenne totale pour ces dix ans, de 25,5 naissances par an et par 1.000 habitants.

Nous sommes loin, dans cette chûte lamentable, de la moyenne d'ensemble de la France que l'on porte à 27 pour 100, et qui n'est en réalité que de 25,5, si on ne veut pas remonter au-delà de 1870, je veux dire si on s'en tient strictement aux vingt dernières années (1).

Quant à la natalité générale de notre pays, il faut bien en convenir, quoiqu'il nous en coûte de l'avouer, elle fait assez triste figure en face des autres Etats européens. Tandis que, en effet, nous ne constatons en France que 27 suivant les uns, 26 suivant les autres, et même 25 naissances par an et par 1.000 habitants, l'Angleterre en compte 35, la Prusse 38, la Bavière 40, l'Espagne 38, l'Italie 37, la Suède 32, la Belgique 31 et la Suisse 30; l'Irlande elle-même en enregistre 27.

Ce n'est pas Nimes assurément qui par son contingent de naissances fera gagner l'avance prise sur nous, à ce point de vue, par les nations les plus favorisées.

Notre ville occupe même un rang inférieur à celui de Paris, Lyon et Marseille (2).

Natalité illégitime.

En revanche, elle figure honorablement dans l'échelle proportionnelle des naissances illégitimes, par rapport aux naissances légitimes.

On a dit quelques fois que le nombre des naissances illégitimes n'est pas une preuve irrécusable du plus ou moins de débauche qui existe dans une ville ou une nation. En tous cas, il ne témoigne pas d'une grande élévation dans la moralité publique, et indique à tout le moins un sans gêne considérable en face de la législation sur les mariages.

(1) Un document récent, dû à la plume du Dr A.-J. Martin, membre du comité consultatif d'hygiène publique, abaisse encore ce chiffre à 24,9 pour 1.000. (Concours médical, 5 novembre 1887.) M. Turquan, (*l'Economiste français*, janvier 1886), est du même avis.

(2) Paris compte 26. Lyon, 25,5. — Marseille, 28 naissances pour 1,000 habitants. — Voir aux pièces justificatives, le numéro 2.

La statistique est fort curieuse et non moins instructive à ce sujet, et dans telles villes comme Londres, Odessa, Berlin par exemple, où la débauche passe pour être très développée, la proportion des naissances illégitimes est relativement faible. On parle de 6, 8, 13 pour 100 naissances légitimes, tandis qu'à Marseille, où la prostitution est bien moins répandue, cette proportion atteint plus de 16,6 pour 100 légitimes.

On a cité Olmütz, en Moravie, où 70 enfants sur 100 sont bâtards ; Milan, Florence, Copenhague où ces derniers forment le tiers ; Vienne, Moscou, Stockholm, où ils constituent presque la moitié des naissances totales.

Mais sans sortir de notre pays retenons bien qu'à Paris on compte 23,5 de naissances illégitimes pour 100 légitimes ; à Bruxelles, notre voisine, 25,7 ; à Lyon, 11,4 ; à Marseille, 16,6 ; à Nimes, la proportion a oscillé, dans les dix dernières années, entre 5,7 et 8,8 pour 100, pris comme points extrêmes (1).

La moyenne des naissances illégitimes s'est élevée, dans cette ville, depuis les dix dernières années, mais dans des proportions modérées ; de 95, chiffre exceptionnel pour 1877, elle est montée à 100 une fois, à 107, à 112, à 117 et deux fois à 127, soit une moyenne de 110 à 116 naissances illégitimes par an pour la somme entière des naissances durant cette période décennale.

Maintenant si je relève le chiffre total des 1.129 naissances illégitimes, pour ce même laps de temps écoulé, je trouve, au point de vue du sexe, 566 filles pour 563 garçons, avec un excédant du sexe féminin, contrairement à ce qui existe pour l'ensemble de la population.

(1) En France, la moyenne des naissances illégitimes a été, en 1881, de 7,48 pour 100 naissances ; en 1886, de 8,17 ; d'après M. Turquan. (*Economiste*, cité).

Les naissances d'enfants naturels vont en diminuant à Lyon, dit M. le docteur Lacassagne. Faut-il attribuer cette diminution à une moralité plus élevée, ou n'y voir, au contraire, que l'effet de cette cause qui agit en même temps sur les naissances légitimes, symptôme irrécusable de l'abaissement de notre race, ajouté à tant d'autres ? (*Lyon médical*, 1888, p. 384)

Un document récent élève, au contraire, le chiffre de la natalité illégitime à Paris. Celle-ci serait de 47,4 au lieu de 23,5 pour 100 naissances légitimes !... (*Le Praticien*, avril 1888).

Cette supériorité du chiffre des naissances des filles sur celui des garçons, pour les enfants naturels, inexplicable à cette heure, a été constatée généralement en France et à l'étranger.

Ces données ressortent clairement du tableau suivant :

Années.	Naissanc. légitimes.	Naissanc. illégitim.	Garçons.	Filles.	Rapport des illégit. aux légit.
1877	1.549	95	44	51	6 °/o
1878	1.458	100	48	52	
1879	1.469	112	61	51	
1880	1.420	127	65	62	8,8 °/o
1881	1.449	115	58	57	
1882	1.444	127	71	56	8,7 °/o
1883	1.550	107	46	61	
1884	1.574	117	63	54	
1885	1.530	122	55	67	
1886	1.419	107	51	56	6,9 °/o
10 ans	14.862	1.129	562	567	

Soit une moyenne annuelle d'enfants naturels 7 pour 100 enfants légitimes.

Mortinatalité.

Je ne saurai quitter ce sujet si intéressant, à tant de titres, des naissances, sans aborder la question spéciale des enfants mort-nés.

On appelle mort-né, ou du moins on ne devrait dénommer ainsi qu'un produit viable, mort avant ou pendant l'accouchement et n'ayant pas respiré. En réalité on désigne ainsi tout enfant qui a succombé avant que la déclaration de sa naissance ait été effectuée à l'Etat-civil.

Entre ces deux catégories de mort-nés, une statistique belge établit la proportion de 7[9 pour les premiers et de 2[9 pour les seconds.

Il faut considérer cette proportion pour à peu près exacte, jusqu'à plus ample informé.

En France, la mortinatalité est grande. Elle a été déterminée le 5 février 1885, dans une séance de l'Académie de médecine, pour une période de 31 ans, c'est-à-dire de 1851 à 1882. M. le docteur Lefort a démontré que dans notre pays, où, en tenant compte de l'ensemble de la population, la mortinatalité est plus forte que dans les autres nations, celle-ci atteint une moyenne de 46 environ pour 1.000 naissances. Chez les nations voisines cette moyenne n'est plus que de 35 à 40 mort-nés pour 1.000 naissances.

A Nimes, durant la dernière période décennale, le chiffre des mort-nés s'est élevé d'une façon très irrégulière de 104 et 96 à 142, et une fois à 159 par an. Celui-ci, qui marque le point culminant en 1885, a été suivi d'un recul sensible en 1886 avec le nombre de 124 mort-nés.

L'ensemble, exposé dans un tableau précédent, de la mortinatalité, pour la période décennale susdite, soit 1.232 enfants mort-nés sur un total de 17.223 naissances, donne une proportion de 70 mort-nés pour 1.000 naissances.

C'est une énorme disproportion avec ce qui se passe en Europe, et même avec la moyenne de la France.

Il est vrai, qu'à Marseille, cette proportion est de........................ 69,5 pour 1 000
et à Lyon (441-1017 mort-nés), dans les six dernières années.................. 69,2 pour 1.000
à Paris, elle ne serait que de......... 68,5 pour 1.000

Mais ce dernier chiffres est au moins contestable.

Cet excès, dans la mortinatalité, en progression croissante depuis quelques années, suggère les plus pénibles réflexions. « Nous sommes ici en présence d'un nouveau » facteur, surgissant d'une manière menaçante, dans les » rangs trop épais déjà des adversaires de la vie. »

C'est à tous et à un chacun d'entre nous qu'incombe le devoir de signaler le mal et de rechercher les remèdes les plus efficaces à apporter contre un état de choses déshonorant pour notre civilisation (1).

Il faut se remettre en mémoire avant tout que dans les villes et plus encore dans les grands centres maritimes et industriels, le nombre des naissances illégitimes s'accroît sensiblement d'un recensement à l'autre. Or, partout et toujours la mortinatalité frappe principalement ces dernières.

Il est telles villes, comme Marseille par exemple, où l'on a constaté la proportion suivante :

Sur 1.000 naissances légitimes...... 64,1 mort-nés.
» » illégitimes.... 98,9 »

Soit 154,3 enfants naturels morts-nés pour 100 enfants légitimes.

A Lyon, cette proportion insuffisamment établie, semble être tout de même considérable.

A Nimes, où la moyenne des naissances illégitimes est, nous l'avons vu tout à l'heure, relativement faible, c'est-à-dire 7 pour 100 naissances légitimes, cette proportion, entre les deux catégories de mort-nés est encore plus disparate et plus élevée.

En effet, nous connaissons, d'après le tableau que nous en avons dressé tout à l'heure, la mortinatalité des dix dernières années : elle a atteint, disions-nous, pour 17.223 naissances, enfants morts-nés 1.232.

Sur ce chiffre total de 1.232 mort-nés, il faut en attribuer, après vérification :

A l'ensemble des naissances légitimes, soit 14.862 , 1.074 mort-nés ;

Et à la somme des naissances illégitimes, soit 1.129, 158 mort-nés.

Ce qui donne le résultat proportionnel suivant :

1° Pour 1.000 naissances légitimes.... 71,8 mort-nés.
2° Pour 1.000 naissances illégitimes... 101 mort-nés.

Ces chiffres se passent de commentaires.

(1) Discussion sur la dépopulation à l'Académie de Médecine, février 1885 (docteurs Lagneau, Lunier, Rochard.....) *Marseille médical*, 1886. 1887, *passim*.

Si on veut bien se remettre devant les yeux que, dans les dix dernières années, la mortinatalité a été, en moyenne, en Europe, de 40 pour 100, et en France même, de 46 pour 100, on sera bien forcé de reconnaître, suivant l'expression de notre confrère démographe marseillais, que sur le littoral méditerranéen, et plus particulièrement à Toulon, Marseille et Nimes, le nombre des enfants mort-nés atteint des proportions vraiments sinistres.

Cet excès de mortinatalité légitime et illégitime reconnaît des causes multiples.

Je ne crains pas d'affirmer qu'à leur tête, au moins en ce qui concerne cette dernière, doit figurer la loi qui régit la recherche de la paternité en France, et laisse sans défense et sans secours la fille séduite. Cette déplorable lacune, dans notre législation, comparée à ce qui se passe en Allemagne, en Angleterre et aux Etats-Unis, explique trop souvent, sans les excuser bien entendu, les manœuvres coupables auxquelles se livrent les femmes et filles trompées vis-à-vis de leur enfant.

Il faut citer ensuite, comme complément et aggravation à cette indifférence du législateur, la déplorable suppression des tours. Encore un moyen de nous conserver les enfants qui viennent, dont on s'est privé avc cette légèreté incurable qui caractérise bon nombre d'actes administratifs dans notre pays (1).

Viennent après, je parle ici de ce qui se produit généralement, le défaut ou l'inintelligence des soins à donner aux femmes en couches et aux enfants nouveau-nés, principalement dans la petite bourgeoisie et les classes ouvrières. Il faut en avoir été témoin, et à récidive, pour se faire une idée des préjugés absurdes, des procédés dangereux, des habitudes déplorables qui courent ce monde-là et amènent, trop souvent, de véritables catastrophes. Et je ne parle pas des interventions maladroites

(1) Je dois mentionner, en passant, le dénument absolu, la misère physiologique, les maladies de toute sortes et les excès qui accablent trop souvent les filles abandonnées.

ou du défaut d'intervention de beaucoup de sage-femmes, pas plus que de quelques imprudences de l'homme de l'art.

La mortinatalité excessive trouve encore sa raison d'être dans l'évolution latente ou à peine soupçonnée de maladies graves, la syphilis par exemple, les affections utérines, la tuberculose, la débilité des conjoints trop jeunes, et aussi dans les péripéties diverses de la lutte pour l'existence. Nommons enfin les avortements criminels et l'infanticide, dont la fréquence croissante n'est que trop constatée.

Nuptialité.

A Nimes, on ne se marie guère, et force est de reconnaître que, dans le cours des dix dernières années, il est plus que difficile de signaler, à ce point de vue, un moumement vraiment ascensionnel (1).

C'est ce qui ressort du tableau suivant des mariages :

Années.	Garçons et filles.	Garçons et veuves	Veufs et veuves.	Veufs et filles.	Total.
1877	303	16	20	52	391
1878	377	19	37	48	481
1879	391	17	21	40	469
1880	414	22	31	42	509
1881	386	14	21	50	471
1882	420	18	29	64	531
1883	401	22	25	50	498
1884	448	12	38	53	551
1885	388	18	51	38	495
1886	392	20	33	48	495
10 ans	3.920	178	306	485	4.891

(1) A Lyon, la statistique montre aussi que les mariages sont de moins en moins nombreux depuis 1875.

Cet ensemble de 4.891 mariages en dix ans, donne une moyenne totale de 7.08 mariages par an et par 1.000 habitants, soit 1 mariage par 138 idividus.

Cette proportion, relativement faible, est inférieure à celle de la France en général, dont la moyenne est de 1 mariage sur 129 habitants, suivant les uns, et 130 habitants, suivant les autres, inférieure aussi à la plupart des nations de l'Europe. Ces dernières, qui présentent de grandes variétés (1 mariage par 95 habitants en Russie, 1 mariage par 130 habitants en Espagne et dans les Etats-Scandinaves, 1 mariage par 157 habitants en Portugal et 161 en Bavière), offrent une moyenne de 1 mariage sur 131 habitants.

La part afférente à notre ville, qui la constitue en état d'infériorité vis-à-vis de Paris (avec 9,1 mariages pour 1.000 habitants), et de Lyon (avec 8,2 mariages pour 1.000 habitants), nous rapproche de Marseille et de la moyenne de l'Italie (avec 7,5) et plus encore de l'Espagne, (avec 7,9 mariages pour 1.000 habitants).

Les mariages entre garçons et filles représentent un peu plus des 3/4 de la totalité. Viennent ensuite, et en proportion décroissante, les mariages entre veufs et filles, ceux entre veufs et veuves, enfin les mariages entre garçons et veuves, ces derniers sensiblement moins nombreux.

Le nombre des mariages en regard des naissances — abstraction faite des mort-nés — donne une moyenne de 3,40 enfants par mariage, inférieur à la moyenne des nations étrangères, qui est de 4,11, mais un peu supérieure à celle de la France, qui n'est que de 3,03. Ici encore nous sommes en complète similitude avec Marseille, la ville du continent européen réputée la dernière au point de vue de la nuptialité.

Les célébrations nuptiales ne semblent pas, au premier abord, s'accomplir en nombre égal dans les divers mois de l'année. Il en est au reste de même des naissances et plusieurs ont cru voir là une sorte d'harmonie avec les lois de la nature cosmique. L'étude attentive des chiffres de l'état-civil, à Nimes, ne laissent pas un moment debout cette théorie, et éloignent ici toute idée de corrélation.

Ce qui est plus admissible dans cet ordre d'idées, c'est l'influence de la radiation solaire sur le système nerveux et par conséquent sur la santé générale. Chacun, du reste, connaît le rôle du soleil dans la vie des êtres animés. De même que les plantes vertes mises dans une cave s'étiolent et blanchissent, ainsi les sujets qui vivent la nuit voient peu à peu leurs téguments se décolorer et leur sang s'appauvrir. La fleur humaine est celle qui a le plus soif de lumière et de soleil. Nous autres, méridionaux, nous le savons mieux que personne.

Dans nos climats, le jour doit être employé tout entier aux œuvres de la vie active, c'est pourquoi l'hygiène nous invite à ne pas faire de la nuit le jour. La nuit, en effet, par son silence, sollicite le repos et le calme. En outre, l'air du soir, par suite de l'abaissement thermique, trop souvent chargé d'ailleurs d'effluves microbiennes et maremmatiques, est nuisible dans les campagnes et au sein des petites agglomérations urbaines.

C'est pour cela, sans doute, que les maladies aigües éclatent le plus souvent au milieu de la nuit, et que la mort fait généralement son œuvre de minuit à six ou huit heures du matin.

La statistique veut que le *minimum* des décès, sur notre planète, ait lieu de midi à minuit. Au contraire, le chiffre des naissances est bien plus considérable la nuit que le jour. Ceci ne fait aucun doute pour quiconque s'est occupé un tant soit peu d'obstétrique. On a dit que, très probablement, le travail de l'accouchement est facilité par le *decubitus* et la chaleur du lit qui excitent, dans toutes les fibres musculaires de la vie organique, une réelle activité fonctionnelle, pendant qu'inutiles et contractés, se reposent les muscles détendus de la vie de relation (1).

Il n'y a là qu'une part de vérité, et la raison du fait des accouchements nocturnes nous échappe presque entièrement. Il faut encore s'en tenir à l'explication que me donnait, dans le temps, une vieille garde-malade, un jour

(1) Gil-Blas, janvier 1888, *Causeries du docteur*.

que je maugréai un peu contre le retour obstiné de ces corvées à des heures indues : « Très généralement, me » dit-elle, dans une langue dont je ne puis ici que donner » la traduction affaiblie, les enfants viennent à la lumière » aux mêmes heures où ils viennent à la vie ».

Mortalité.

Si l'on veut bien se reporter au tableau ci contre qui relate le chiffre des décès pendant les dix dernières années, à Nimes, on en viendra tout de suite à cette conclusion, point trop déplaisante assurément, à savoir que malgré la rigueur des temps, je veux dire les agitations politiques, le krak de 1882, les épidémies de variole en 1882 et 1883 et de choléra indien en 1884 et 1885, le taux de la mortalité est en décroissance parmi nous. Cela est vrai surtont à partir de 1883, venant, quoique lourde encore, après 1882, l'année la plus chargée de la période décennale.

Cela ressort encore plus évidemment de la comparaison de cette période avec la période antérieure, c'est-à-dire de 1867 à 1876, pendant laquelle ont été enregistrés à l'état civil 19.446 décès, bien entendu toujours en dehors des morts-nés qui ne sont guère inférieurs à ceux que nous avons dénombrés plus haut.(1)

N'oublions pas que ces 19.446 décès sont prélevés sur une population moyenne de 63.000 habitants, inférieure par conséquent de 5,000 individus au moins, à la moyenne de la période que nous étudions plus particulièrement.

Il est vrai que nous avons à tenir compte de l'accroissement des décès amenés par les évènements de 1870. Mais cet accroissement est moindre encore que celui ressortant des épidémies mentionnées tout-à-l'heure.

(1)

Années :	1867	1868	1869	1870	1871	1872	1873	1874	1875	1876
Décès	1.910	1.985	2.020	2.019	2.553	1.633	1.884	1.744	1.920	1.778
M.-nés	»	»	»	»	102	125	149	127	107	125

Ensemble (de 1867 à 1876, soit pendant 10 ans) de mort-nés.. 1.224
Sur un total de décès.................................... 19.446
Moyenne des décès, par année............................ 1,944,60

Mortalité à Nimes (1877-1886).

Années.	Mortinatalité.		Total.	Décès.		Total.	Décès par sexe et par	
	Enfants légitimes	Enfants illégitim.		Sexe masculin	Sexe féminin		En prenant pour base le de la mortalité, uniforme e que sorte, pour les trois 1877-1879-1886, je relève :	Sexes : masc.
1877	110	13	123	847	829	1.676	0 ans à 1 an	160
1878	116	8	104	1.052	925	1.977	1 — à 5 ans	133
1879	84	12	96	824	851	1.675	5 — à 15 —	26
1880	86	18	104	1.004	883	1.887	15 — à 30 —	60
1881	100	14	114	940	861	1.801	30 — à 60 —	182
1882	108	23	131	1.054	989	2.043	60 — à 80 —	232
1883	113	22	135	1.046	948	1.994	80 — à 90 —	25
1884	129	13	142	1.027	938	1.965	90 — à 100 —	2
1885	131	28	159	1.007	906	1.913		
1886	112	12	124	884	775	1.659		820
10 ans	1.089	163	1.232	9.685	8.905	18.590 (1)	Ensemble......	1.

(1) Sur ce total, dont la moyenne annuelle est de 1.859 décès,

l'Hôtel-Dieu, avec 1.396 décès, fournit une moyenne annuelle de 139,6 : lits occupés... { civils. militair

lits en réserve.... 64

L'Hospice d'humanité, avec 466 décès, fournit une moyenne de 46,6 { lits occupés....... lits à la maternité..

La Maison Centrale, avec 349 décès, sur 1.000 à 1.100 hommes fournit une moyenne de.................................... 34,9

Les Petites Sœurs des Pauvres, avec 176 décès, fournissent une moyenne annuelle de........................... 17,6 avec. ...... { hom femn

La Maison de santé, avec 132 décès, sur 767 malades ou infirmes, fournit une moyenne de............................... 13,2

La Garnison, avec 227 décès, fournit une moyenne de......... 22,7

Total.... 274,6

C'est-à-dire un peu plus du 6e de la mortalité entière (2).

(1) Moyenne des accouchements à la maternité : 67 par an.

(2) Voir aux pièces justificatives le n° 3. — Dans la mortalité totale sont compris les militaires de la garni passage, mentionnés ici séparément.

J'ai recherché, pendant cette même période, la proportion moyenne des décès par année et par 1,000 habitants. J'ai obtenu de la sorte les chiffres très divers de 26,2 ; 28,3 ; 30,9 etc lesquels en somme, pour une population moyenne de 68,500 habitants m'ont donné une moyenne totale de 27,2 décès pour 1,000 habitants. D'autre part, en comparant le total annuel de la population et celui des décès, je trouve 1 décès par 32,1 ; 36,8 ; 37,5 etc, soit pour la moyenne de dix ans 1 décès par 35,9 habitants.

Ce taux est encore plus élevé que le taux moyen de la mortalité en France, s'il est vrai que ce dernier ne soit actuellement que de 23,5 au maximum pour 1,000 habitants.

Il se rapproche davantage du taux moyen des nations européennes, qui est de 26,2 décès par 1.000 habitants, c'est-à-dire un peu supérieur à celui de la France (1).

Ces diverses moyennes sont obtenues à l'aide du calcul et à travers une variété de chiffres extraordinaires. Pour ne pas sortir de notre pays, je me contenterai de citer l'écart qui existe, à ce sujet, entre :

Chaumont,	Bourges,	Angoulême,	Dijon,	Lyon,	avec
17,6 décès ;	18,6 ;	20,9 ;	21,2 ;	22,3 ;	par

1,000 habitants, et les villes de :

Rennes,	Rouen,	Dieppe,	Toulon,	Montpellier,	avec
35,5 décès ;	33 ;	32,3 ;	31,5 ;	31,8	par

1,000 habitants.

Une statistique, que je ne veux mentionner que pour mémoire, comprenant les 63 plus grandes villes de l'ancien et du nouveau monde, fournit une moyenne de 24.6 décès par 1,000 habitants.

En résumé on vit davantage ou si vous l'aimez mieux on meurt un peu moins à Nimes qu'à Marseille, Aix, Toulon, Montpellier, Cette, ses voisines du littoral et moins encore qu'en Afrique, sur le bord méridional de la Méditerranée. Mais on y meurt plus qu'à Paris, Dijon et Lyon, plus aussi qu'à Avignon, Carcassonne et Toulouse (2).

(1) En Suède et en Danemarck la mortalité n'est que de 18 et 19 pour 1,000.

(2) Aix 28 ; Marseille 30,1 ; Cette 29,3 ; Paris 24,1 ; Avignon 25,8 ; Toulon 26.4 ; Carcassonne 24,5.

A quoi peuvent bien tenir ces différences ?

A plusieurs causes connues où à connaître et qu'il serait trop long d'énumérer ici. En dehors de celles qui ressortent soit de l'action du climat, soit de la densité de la population, il faut mettre en première ligne tout ce qui a trait à l'aération, à l'arrosage, à un mot, à la propreté et à l'assainissement des villes.

Les progrès accomplis, à ce point de vue, dans notre cité nous font bien augurer de l'avenir.

Je laisse de côté tout ce qui a trait au calcul de la durée moyenne de la vie des habitants dans une ville ou dans un état. Dans ces sortes d'opérations arithmétiques et toutes d'abstraction on néglige trop, à mon sens, l'individu vivant considéré à part.

Je sais bien que d'après la statistique on est très porté à admettre généralement que la moyenne de la vie s'est sensiblement accrue en France depuis le commencement du siècle (1).

A-t-on toujours tenu compte suffisamment dans ces calculs, de la grande diminution des naissances et de la très grande mortalité chez les enfants ? Je crains bien que non.

Je viens de dire la très grande mortalité chez les enfants. C'est qu'en réalité celle-ci est énorme. Précisons par des chiffres.

On divise communément la durée de la vie en cinq grandes périodes d'inégale grandeur qui sont :

1° l'enfance, de la naissance à 10 ans.

Celle-ci comprend : A. la première enfance de 0 à 1 an.
B. la seconde enfance de 1 à 10 ans.

Distinction capitale au point de vue de la mortalité.

2° l'adolescence, de 10 à 20 ans.

3° la jeunesse, de 20 à 30 ans.

4° la virilité ou l'âge mûr, de 30 à 60 ans.

5° la vieillesse, de 60 ans au-delà.

(1) 1789 : 28 ans, 9 mois ; 1835 : 34 ans, 4 mois ; 1865 : 37 ans, 10 mois; 1886 : 40 ans !..,

Or, pour ne pas sortir en ce moment de la première période, dite de l'enfance, je dirai, après constatation effective sur les registres officiels :

1° Que dans les dix dernières années, sur une totalité de 15.991 naissances —(abstraction faite des morts-nés),— il est mort 6.492 enfants au-dessous de 10 ans, soit les 2/5e ;

2° Que sur ce chiffre de 6.492 décès, il faut en attribuer près de la moitié, c'est-à-dire 3.144, (pour 3.246 chiffre exact) à la première année ;

3° Que de 1 à 5 ans le chiffre des décès, savoir 3.023, se rapproche du précédent sans l'égaler toutefois ;

4° Que de 5 à 10 ans nous ne trouvons plus que 325 décès, soit une moyenne de 32 1/2 décès par an.

5° Enfin, que ce taux de 6.492 décès pour la mortalité totale de l'enfance proprement dite, représente plus du tiers de la mortalité générale, laquelle comprend (toujours en dehors des mort-nés) 18.670 décès.

Le tableau suivant est destiné à montrer au clair ces propositions :

A. 1876-1886, totalité des naissances..... 15.991
B. — — totalité des décès......... 18.670

Mortalité de l'enfance.

Années.	D'un jour à un an.			D'un an à cinq ans.			de 5 à 10 ans	Total général.
	masculin,	féminin.	Total.	masculin.	féminin.	Total.		
1877	165	139	304	136	154	290	29	623
1878	191	134	325	193	154	337	32	704
1879	170	132	302	134	149	283	31	616
1880	167	152	320	162	164	326	30	676
1881	166	124	290	149	143	292	34	616
1882	178	159	327	201	184	385	38	750
1883	150	148	298	172	141	313	34	645
1884	191	143	334	146	137	283	33	650
1885	175	127	312	159	142	301	32	645
1886	190	142	332	105	98	203	32	567
10 ans	1.733	1.411	3.144	1.557	1.466	3.023	325	6.492

Les conclusions qui ressortent de cette étude sur la mortalité dans l'enfance, à Nimes, sont les suivantes :

1° Il meurt plus d'enfants dans le cours de la première année que dans les cinq années suivantes, et il faut aller depuis la deuxième jusqu'à la dixième année pour trouver un total légèrement supérieur à celui de la mortalité de de la première enfance, c'est-à-dire avec une différence en plus de 201 décès ;

2° La proportion dans les décès n'est pas la même pour les deux sexes. Il meurt plus de garçons que de filles, dans le courant de la première année surtout, en sorte que dès la seconde année les filles sont déjà plus nombreuses que les garçons. A partir de ce moment, l'écart existant entre la mortalité de l'un et de l'autre sexe, commence à être moins accusé. On a dit que c'est la conséquence d'une loi naturelle, invariable dans tous les pays ;

3° La mortalité du premier mois, pour les deux sexes, représente plus d'un tiers de la mortalité totale de la première année ;

4° « La chance de mort est à son *maximum* lorsque » l'enfant vient au monde, a dit M. Jacq. Bertillon ; plus » forte pendant la première semaine que pendant la » deuxième de la vie, la mortalité va déclinant sans cesse » jusqu'au sixième mois. A partir du treizième mois, c'est- » à-dire à partir de la deuxième année, la mortalité dimi- » nue encore jusqu'à l'âge de 5 ans. La naissance, en un » mot, semble constituer une crise dont l'enfant guérit » peu à peu. »

5° Considérée dans ses rapports avec l'état-civil des enfants, la mortalité de la première enfance fournit, pour les naissances illégitimes, un taux plus élevé du double que pour les naissances légitimes. Cette même proportion, rapportée à l'ensemble de la France, est de 154 décès chez les enfants légitimes, et de 303 chez les illégitimes. (1) Entrons ici dans quelques détails :

Si nous examinons cette mortalité semaine par semaine, nous sommes amenés à constater que dans les premiers huit jours qui suivent la naissance, le chiffre des illégitimes est presque le double de celui des enfants légitimes, soit 47 au lieu de 25.

(1) Voir aux pièces annexes n° 4.

Mais pendant la deuxième semaine, alors que l'observation témoigne d'une diminution sensible dans les décès des enfants légitimes, cette même observation indique une augmentation considérable, soit de 55 à 56, chez les illégitimes, autant dire presque une mortalité triple de celle des premiers.

Cet excès doit être attribué, à mon avis, en partie au manque de nourriture, consenti ou non, du nouveau né ; en partie au dénument et à l'abandon qui incombe le plus souvent à la fille-mère et aussi, pourquoi le taire, au crime qui fait périr ces petits êtres.

Crime ou non, n'est-ce pas, en fin de compte, la misère, la situation pénible faite à la jeune mère par nos habitudes et nos mœurs qui occasionne la perte du nouveau-né ?

Il y a là quelque chose à faire de la part du législateur, notamment en ce qui concerne l'obligation de reconnaître et d'élever l'enfant, autant dire la recherche de la paternité. Il y a mieux encore, mais ce n'est pas ici le lieu d'aborder à fond ce difficile problème.

Retenons toutefois, à propos de cette sorte d'ostracisme dont par pruderie on frappe, dans les petites localités principalement, où tout le monde se connait, les filles séduites, qu'une semblable ostentation de moralité devient parfois une vertu féroce, capable, comme on l'a dit, de tuer quelques enfants de plus.

La mortalité des enfants illégitimes s'atténue, et pour cause, à partir de la seconde quinzaine. Jusqu'à six mois elle reste environ deux fois et demi plus élevée que l'autre ; à partir de six mois et au-delà elle l'emporte encore d'une bonne moitié.

Enfin, après un an, c'est-à-dire, quand la sélection a fait son œuvre, la statistique devient muette sur les registres de l'état-civil.

Nous avons vu que le taux de la mortalité de 1 à 5 ans n'égale pas celui de la mortalité durant la première année. De 5 à 10 ans, cette mortalité est infiniment moindre que de 1 à 5 ans

En résumé, le taux de la mortalité enfantine pendant la première année est, à Nimes, de 197,2 décès pour 1.000

naissances, c'est-à-dire sensiblement supérieur à la moyenne de notre pays, laquelle est de 174, 4 décès pour 1,000 naissances.

Cette dernière moyenne ressort de la comparaison de la mortalité, dans les départements chez lesquels on constate des variations énormes, et par exemple, de 118 décès pour la Creuse et le Morbihan, à 262,5 et 298,8 pour la Seine-Inférieure et l'Eure-et-Loir. A Marseille, notre voisine, le taux est de 204,40 décès pour 1.000 naissances.

Ces mêmes variations se retrouvent dans l'étude comparative des nations de l'Europe. La moyenne qui s'en dégage est exactement pareille à celle de la France, à savoir : 174,4 décès pour 1.000 naissances.

Quand il s'agit de statistique appliquée aux grandes villes et spécialement à Paris et Lyon, je crois qu'il ne faut accorder aux chiffres publiés qu'une valeur relative, au moins en ce qui concerne la mortalité des premiers âges. Beaucoup d'enfants nouveaux-nés sont envoyés à la campagne et y meurent, ce qui décharge d'autant la mortalité de la ville.

En ne tenant aucun compte de cette particularité on arrive à ce résultat paradoxal que Paris, par exemple, perd moins d'enfants que le reste de la France. Or, si on veut bien appliquer la méthode scientifique à cette appréciation de la mortalité des cinq premières années, c'est-à-dire en comparant non pas les naissances totales avec les décès, mais bien avec les enfants de cet âge résidant à Paris, et par conséquent vivants, on arrive à ce résultat que la mortalité, pour une période donnée de 1875 à 1886 est dans la proportion de 102 à 104 pour Paris, et de 64 seulement pour le reste de la France.

Telle est l'opinion de MM. J. Icard de Lyon et Jacq. Bertillon de Paris. Ce dernier affirme que si on ramenait la mortalité de chaque âge à Paris à n'être pas plus élevée que celle de la France, la capitale compterait chaque année 11.000 décès de moins. Je partage absolument cette manière de voir. (Consulter la *Revue d'hygiène et de police sanitaire*, 1886.)

Les principales causes qui amènent une telle mortalité dans notre ville sont :

1° L'impuissance de plus en plus démontrée des mères de famille en général à allaiter leurs enfants et par suite la pénurie et l'impuissance non moins démontrée des nourrices mercenaires ; l'état civil des nouveaux-nés ; l'insuffisance des soins donnés ; l'absence ou le mépris des règles les plus élémentaires de l'hygiène, au sein de la classe pauvre et illéttrée (1) ;

2° Les maladies de l'enfance : affections graves du système nerveux, c'est-à-dire, méningite et convulsions ; maladies de l'appareil respiratoire, pneumonie, bronchites, phtisie etc. ; fièvres éruptives, variole, rougeole, scarlatine ; maladies des organes abdominaux plus communes en été, entérite, diarrhée, cholérines, lesquelles augmentent singulièrement la mortalité de juin à octobre. Les maladies par débilité générale, athrepsie, mauvaise nourriture, misère, malpropreté ; les maladies des premiers ans, croup, diphterie, coqueluche et enfin les fièvres de toute nature, paludéennes, thyphoïde, etc.

Il est prouvé par toutes les statistiques, que dans nos contrées méridionales et sur le littoral principalement, la mortalité des enfants est en proportion de l'hyperthermie atmosphérique. Elle s'élève en effet de juin à juillet et août, décroit de septembre à fin octobre, et reste à peu près stationnaire — à moins d'épidémie — de novembre à mai inclusivement.

Je ne puis qu'effleurer ici cette grosse et difficile question de la mortalité excessive chez nos enfants, autour de la Méditerranée. Le docteur Bertillon assure que si dans nos départements la mortalité infantile était, par des mesures quelconques, abaissée au chiffre moyen de la France,

(1) Les diverses statistiques dressées depuis vingt ans démontrent qu'il meurt de 15 à 20 % des enfants nourris au sein, tandis qu'il faut en compter au moins 60 % parmi les enfants élevés au biberon.

ce serait pour notre pays une économie d'environ 15,000 enfants par an (1).

Serait-t-il moindre de moitié, qu'un tel résultat, ce me semble, vaut la peine qu'on cherche à s'en procurer les bénéfices et par tous les moyens.

On a cru retrouver la cause initiale de cette peste inconnue, qui monte jusqu'au Cantal et à l'Isère, dans la nature du sol, le climat et principalement les vents brûlants qui soufflent d'Afrique. Il y a une part de vérité dans cette manière de voir, justifiée par le chiffre de nos malades et de nos morts, durant la période estivale. Il faut aussi tenir compte du voisinage des étangs, marais et lagunes, cette triste bordure de la plupart de nos départements, au midi et au sud-ouest, et encore, sans doute, du déboisement de nos montagnes et de la pénurie d'eau qui en est la conséquence. Enfin je me permets de croire que l'art d'élever et de conserver les enfants en bas âge est tout à fait primitif au sein des populations routinières, illéttrées ou misérables de nos campagnes et de nos faubourgs.

J'en aurai fini avec cette terrible question de la mortalité de la première enfance si je rappelle, au courant de la plume, la hideuse hécatombe, prélévée annuellement par l'industrie nourricière, à Paris et dans les départements qui avoisinent cette capitale. Il est vrai que cette mortalité des enfants en nourrice est principalement visée par la loi du 23 décembre 1874 sur la protection de l'enfance, à laquelle se trouve attaché désormais le nom de Théoph. Roussel. Grâce à l'application de cette loi, tel département a vu la mortalité de ses nourrissons diminuer de la moitié ou même des deux tiers. Un document que j'ai eu sous les yeux et qu'il me serait agréable de donner comme très sûr, affirme que, dans le Calvados, par exemple, l'année 1886 à offert une économie de vies infantiles de 90 pour 100.

Suivant les rapports du docteur Mazade, un compa-

(1) Il est prouvé qu'on peut abaisser de 100.000 la mortalité annuelle des enfants dans toute la France. (*Concours médical*, 1888, p. 237).

triote, inspecteur des enfants trouvés dans la Gironde, la mortalité du premier âge qui était dans ce département, en 1875, de 25 pour 100, serait tombée en 1881 à 10,66 pour 100 (1).

A partir de cinq ans, nous l'avons dit tout à l'heure, la mortalité faiblit singulièrement. C'est vers 15 ou 16 ans qu'elle atteint son minimum, soit 5 décès pour 1,000 habitants. De 15 à 45 ans elle s'élève progressivement, mais avec une heureuse lenteur.

Le malheur veut contrairement, à ce qui ce passe dans les autres pays, qu'en France et plus particulièrement encore dans notre Midi, la mortalité des adultes soit très élevée surtout entre vingt et vingt-cinq ans.

Chez les hommes celle-ci dépasse la mortalité qui atteint ceux de 25 à 30 ans et même ceux de 30 à 40, en sorte que pendant cet intervalle de temps le sexe féminin devient prédominant.

A quoi peut-on attribuer ce phénomène exceptionnel? D'aucuns l'ont rapporté aux exigences du service militaire

(1) Décès de 0 à 1 an pour 1,000 naissances, depuis la loi Roussel.

Bavière	312
Italie	212
Suisse	190
Belgique	173
France	166
Angleterre	152

Mortalité après un an sur 1,000 habitants.

Italie	19,6
France	18,1
Bavière	17
Belgique	15,5
Angleterre	14,5
Suisse	14,1

D'où il suit que si la mortalité, à partir d'un an, était en France ce qu'elle est en Suisse, le pays le plus favorisé, nous économiserions chaque année 150,000 existences environ, et sur les moins bien partagés sous ce rapport, c'est-à-dire la Belgique et la Bavière, 100,000 et 37,000. (*Projet d'organisation d'hygiène publique* ; Rapport de M. Chamberlan. février 1888).

où, pour être plus précis, aux vices inhérents à l'administration de l'armée française (1).

A côté de cette cause, très vraisemblable au moins, j'estime qu'il faut noter les nombreux déchets amenés par le surmenage scolaire.

Depuis quelque temps déjà, la question du surmenage intellectuel est à l'ordre du jour. A l'Académie de médecine elle a fait l'objet d'une discussion très importante où MM. Lagneau, Rochard, Peter sont venus apporter des faits et constater que nos enfants sont chargés d'une besogne au-dessus de leurs forces, que les programmes des études sont trop étendus, que les heures de travail sont trop considérables et que par le fait, ces enfants se trouvent dans des conditions absolument incompatibles avec le maintien de leur santé. A la Chambre des députés, dans les Conseils du Ministère de l'Instruction publique, la question a déjà été pareillement agitée, et il est à présumer que bientôt des mesures seront prises pour amener la cessation d'un pareil état de choses.

Viennent ensuite les excès et débordements de la jeunesse, dont il faut tenir compte sans doute, mais sans toutefois en exagérer l'influence nocive. Car enfin, sur ce champ-là, nos voisins, les Espagnols, les Italiens, les

(1) Moyenne de la mortalité dans l'armée en temps de paix : 8,15 pour 1.000, savoir : 7,5 à l'intérieur, 9,8 en Algérie, 11,6 en Tunisie.

La mortalité prise sur l'ensemble des adultes, dans l'état civil, n'est que de 8 pour 1,000.

*
* *

Mortalité dans l'armée Anglaise (par fièvre	Mortalité dans l'armée Allemande thyphoïde)
1879 à 1883	1873 à 1883
0,19 par 1.000 hommes présents.	0.84 par 1.000 hommes présents.

Mortalité dans l'armée française :

1876 à 1884.................. 3,78 par 1.000 hommes présents,

soit cinq fois plus de victimes qu'en Allemagne, quinze fois plus qu'en Angleterre. En d'autres termes, pour un effectif de 450.000 hommes, la France perd, annuellement, 1,700 hommes, l'Allemagne 378, et l'Angleterre 85. — 1.700 hommes, un régiment par année !...

Allemands et les Belges ou Suisses, nous valent pour le moins.

On a dit que la France est avec la Norvège, le pays qui conserve le plus pieusement et le plus heureusement ses vieillards. Cela est vrai de Nimes, Montpellier, Toulon et Marseille, pour rester dans notre Midi. « Si ce n'est » pas une force, a dit un économiste, c'est du moins une » gloire. » Où diable la gloire va-t-elle se fourrer? Pour tant qu'elle vaille la gloire, et certes je ne la méprise pas, il me semble qu'un réel et sensible accroissement de population ferait bien mieux notre affaire.

Les enfants, avons-nous dit, meurent à Nimes, surtout en été. En revanche, ce sont les mois d'hiver qui prennent définitivement le dessus, dans la mortalité générale, à partir de 50 et surtout de 60 ans. Au-delà de 60 ans, c'est-à-dire pendant la vieillesse, cette différence à l'actif de la mauvaise saison dépasse d'environ un tiers la mortalité des mois d'été.

Il semble acquis au procès que de 10 ans, et mieux encore, de 20 à 50 ans, le maximum de la mortalité appartient, d'une manière générale, à la saison d'été pour le sexe féminin, et à l'hiver pour l'autre sexe.

Avant de quitter définitivement ce sujet, il m'a semblé piquant d'examiner la côte des décès, au point de vue du célibat et du mariage. On a tant médit de ce dernier parmi nous, en vers et en prose, dans les chansons, au théâtre et chez la plupart des romanciers ! A les croire, « c'est » bien là ce pêlé, ce galeux dont nous vient tout le mal ».

Mais en fait, de par la statistique, brutale comme une poussée de chiffres, il est acquis que les gens mariés meurent moins que les célibataires. N'est-on pas allé jusqu'à affirmer que des garçons de 21 à 30 ans ont peut-être plus de chances de mourir que des hommes mariés de 50 à 60 ans ?....

Ce qui est très sûr, c'est que les veufs meurent beaucoup plus que les gens mariés, et plus encore que les célibataires.

Ce que je dis ici des hommes, s'applique aux femmes, avec cette différence toutefois, que les jeunes filles de 18 à

25 ans et les vieilles veuves, échappent plus facilement aux causes de mort qui atteignent les jeunes femmes et les demoiselles sur le retour. Et pourtant, il est vrai de dire que, d'une manière générale, l'avantage, pour les chances de la vie durable, reste aux femmes mariées (1),

En résumé, le mariage est une excellente condition de vie, et j'ajoute, de santé et de bien-être physiologique. Je parle ici, bien entendu, du mariage convenablement assorti. Avec lui, l'espèce humaine est relativement moins sujette à la maladie en général, et plus particulièrement à la nostalgie, à l'alcoolisme, à la folie dans ses divers modes, au suicide. La vie de famille, ai-je besoin de le dire, est encore plus favorable à l'homme, au point de vue moral.

Peut-être ces avantages ressortent-ils plus clairement pour l'homme que pour la femme. Celles-ci, en effet, se passent plus facilement de nous, que nous ne nous passons d'elles.

Voilà du moins les résultats constatés dans tous les pays où de semblables recherches ont été faites. L'observation de ce qui se produit, à ce sujet, parmi nous et dans les villes voisines, où il m'a été donné de me renseigner, n'y contredisent nullement. « Défions-nous, avec M. Jac-» que Bertillon, des gens mariés qui disent mal de mort » du mariage et des contraintes qu'il impose ; ils ont tort » et ils mentent, car, dès que le mariage vient à leur » manquer, veufs ou divorcés, ils se hâtent d'en contracter » un autre. »

Quant au relevé des décès par profession, fort instructif assurément, il est moins que facile à établir, chez

(1) De dix à quinze et dix-huit ans, la mortalité est presque deux fois plus grande chez la femme que chez l'homme. C'est la période d'établissement des fonctions cataméniales. Or, pendant toute sa vie active, menstruelle — et je ne parle que pour mémoire des autres facteurs imputables à tout ce qui touche de près ou de loin la maternité — la femme garde sur l'homme le triste privilége d'une vulnérabilité beaucoup plus grande, tandis que à partir de quarante-cinq ans, c'est du côté des hommes que penche la balance. (*British médic. Journ.*, 1887, 1360, doct. Handford.)

nous du moins. Force est donc, pour nous renseigner sur ce chapitre spécial, de nous transporter en Angleterre. Messieurs les Anglais ont poussé loin leurs recherches dans ce sens et ils sont arrivés, dit-on, à des conclusions très remarquables. Mais leur pays est bien loin, et leurs études démographiques ne sont peut-être pas à l'abri de toute critique. Quel moyen aurai-je, en tous cas, de les contrôler ?

J'aime mieux rester en France et mettre sous vos yeux le tableau suivant, dont les éléments, un peu compliqués, m'ont été fournis tour à tour par un journal politique, *la Presse*, par *la Semaine médicale*, d'après une statistique anglaise, et par *la Revue scientifique*, dans le courant de la présente année.

Leur contrôle réciproque et la comparaison attentive des chiffres m'ont permis de poser, sous toutes réserves, les conclusions que voici :

Mortalité par 1.000 habitants :

Jardiniers, fermiers, hommes des champs........	15,08
Ecclesiastiques et tout ce qui tient à l'église (1)...	15,93
Magistrats et gens de justice, avocats, notaires...	20,23
Médecins, pharmaciens, infirmiers, garde-malade.	22,83
Comptables, caissiers, teneurs de livres, scribes de toute sorte..................................	22
Bouchers, charcutiers, équarrisseurs,.......... ..	25,89
Cordiers, chapeliers, bottiers, tailleurs, charrons, tonneliers.....	25,91
Peintres en bâtiments, charpentiers, bûcherons, maçons..................................	25,95
Potiers, tourneurs, menuisiers, mouleurs........	25,98
Artistes, musiciens, peintres, chanteurs, poètes, romanciers, journalistes.......	26,38
Carriers et mineurs...........................	26,42

(1) Il s'agit ici de l'Eglise de la Grande-Bretagne. Nos prêtres et nos religieux, nos pasteurs de tous les cultes, sont en France beaucoup moins bien partagés.

Industrie de la laine (ouvriers).................	26,47
Manufactures de coton........................	27,19
Couteliers, forgerons, serruriers, chaudronniers..	28,52
Aubergistes, marchands de liqueurs............	29,02
Brasseurs.....................................	29,23

En France, il semble acquis que la dîme mortuaire, à partir de 50 ans, est moins lourde *pour les têtes choisies* que pour la population en général. Par têtes choisies, il faut entendre les commerçants retirés des affaires, les rentiers, les pensionnaires civils de l'état, les membres de l'Institut. La vitalité va en augmentant des premiers aux derniers. Elle est encore plus accentuée pour les femmes que pour les hommes et les femmes pensionnées ont une longévité plus grande que leurs maris.

Je vous laisse le soin d'apprécier ces assertions.

Je me permets une seule restriction à l'encontre de la statistique précédente concernant la mortalité des ecclésiastiques et des médecins, en France.

Cette mortalité est énorme chez nous et lorsqu'on a voulu établir une comparaison, pour les médecins par exemple, entre les diverses causes de léthalité, on est arrivé à ce résultat que sur un million d'individus,

les fièvres éruptives (la variole mise en dehors) enlèvent.....	59 médec.	contre	16
diphtérite (angin. couenneuse)..	59 —	—	14
fièvre thyphoïde............ ..	311 —	—	238
Erysipèle................	172 —	—	136
phtisie pulmonaire............	45 °/₀		
autres affections des voies respiratoires....................	27 °/₀		
maladies nerveuses	7 °/₀		

Les suicides sont plus communs chez eux que chez les légistes dans la proportion de 464 contre 354.

Quand je vous aurai dit, avec M. P. Leroy-Beaulieu, que les 14.657 médecins (11.875 docteurs — 2.782 officiers de santé) paient à l'État, annuellement, pour frais de patente, la somme énorme de 12.311.645 francs, c'est-à-dire, proportion gardée, infiniment plus qu'aucune autre profession libérale (et je me tais à dessein sur les mille traverses de leur vie quotidienne), je vous aurai donné une idée approximative des charges qui pèsent, dans notre pays, sur le corps médical (1).

Y a-t-il là, je le demande, de quoi rendre enviable la situation, en ce bas monde, de l'homme adonné à l'art de guérir ?

Des différentes causes de décès.

Il m'a paru intéressant de rechercher ces causes multiples dont la connaissance exacte compléterait ce que je viens de dire sur la mortalité à Nimes et même dans toute la France.

Malheureusement, les documents nécessaires à cette étude particulière manquent depuis plusieurs années dans les actes de notre état-civil, ou du moins ils ont manqué dans ces derniers temps. Ce n'est guère qu'à partir de l'année courante que les certificats de décès vont être soigneusement colligés.

Je me suis vu, en conséquence, dans l'obligation de dépouiller, en plus des anciens registres municipaux, une assez grande quantité de documents mis au jour sur l'état démographique d'un certain nombre de villes de notre Midi, en leur adjoignant Paris, Lyon et Marseille.

Voici les résultats que j'ai obtenus :

1° En temps ordinaire, (je veux dire abstraction faite de toute épidémie exceptionnellement très meurtrière, comme les invasions du choléra indien, par exemple, et aussi les recrudescences de variole, de typhus et autres maladies infectieuses) ce sont les maladies de l'appareil respiratoire qui entraînent la plus grande mortalité. Dans cette grande catégorie il faut comprendre les affections à marche rapide comme celles à marche lente ou chronique, depuis les plus simples, comme la bronchite et la pleurésie, jusqu'aux

(1) Les 10.694 avocats sont, en effet, bien moins chargés que les médecins.

plus compliquées telles que l'emphysème et la phtisie pulmonaires.

Cette dernière, réputée actuellement infectieuse et contagieuse et que pour cette raison nombre de classifications placent dans les maladies générales zymotiques, mais tout-à-fait à part, enlève les trois cinquièmes environ des malades frappés du côté de l'appareil respiratoire.

On est allé jusqu'à prétendre que la phtisie pulmonaire entre pour un cinquième dans la mortalité totale du globe (1).

Détail à remarquer : Cette fréquence excessive des maladies du larynx et des poumons dans leur ensemble, se retrouve dans l'ancien et le nouveau monde, à toutes les latitudes et sous les divers climats. La proportion seule varie. A Nimes, à Montpellier, à Toulon et Marseille, la mortalité de ce chef est moins grande qu'à Lyon, Paris ou Londres.

2° Viennent ensuite, par ordre de fréquence, les maladies du système nerveux comprenant la simple congestion cérébrale, se continuant par les hemorrhagies et les désorganisations profondes du bulbe ou de la moelle épinière et finissant à l'épilepsie et à l'aliénation mentale.

Suivant le docteur Lunier, les cas afférents à cette dernière ont quintuplé en France de 1835 à 1876. Le nombre des internés dans des maisons spéciales s'est élevé, pour ce même intervalle, de 10.539 à 49.012. Actuellement, on compte de 22 à 23 aliénés pour 10.000 habitants, et sur ce nombre il faut en mettre 13 au compte de l'alcoolisme.

Dans notre ville, le chiffre des aliénés et des ramollis

(1) Dans le recutement de l'armée, où l'on compte actuellement 15 réformés par 1.000 hommes et par an (au corps et après les conseils de révision), il faut en mettre :

2 à 3 au compte de l'hypertrophie cardiaque ;

7 au compte de la pulmonie et laryngo-bronchite grave;

5 pour tout autre cause, bégaiement, teigne, épilepsie, etc.

N. B. — En 1882, à Paris, sur .... 58,702 décès

il en a été imputé à la tuberculose.............. .... 10.011

— à la diphtérite........................ 2.000

n'a pas cessé de s'accroître durant ces dix dernières années. Ceci est encore indiscutable (1).

3° Les fièvres typhoïdes et éruptives, les maladies aigües considérées d'une manière générale : suette, rhumatisme, fièvres paludéennes, maladies saisonnières et professionnelles n'occupent, dans notre nomenclature, que le troisième rang (2).

4° Faut-il parler des affections nombreuses, caractérisées par une faiblesse générale innée ou acquise et que l'on rencontre à tous les degrés de l'échelle sociale, prenant une multitude d'enfants, dès avant ou peu après la naissance, frappant nombre d'adultes et s'appesantissant principalement sur les vieillards? Sous les noms divers d'athrepsie, de débilité générale, d'asthénie, d'anémie, etc., ces maladies entraînent encore une mortalité considérable. Peut-être est-il vrai de dire qu'elles sont plus fréquentes dans les villes qu'à la campagne, dans les pays du Nord froids et brumeux que sur nos plages ensoleillées ?

A Nimes, ville populeuse qu'on pourrait comparer à une ruche, nonobstant le soleil et l'orientation, l'anémie se montre fréquemment dans les classes ouvrières, principalement parmi les femmes.

5° Citons ensuite les maladies de l'appareil digestif, et par elles il faut entendre les diverses formes de gastrites et dyspepsie, les inflammations d'entrailles, les affections du foie et de la rate, les obstructions et tumeurs de toute nature, la péritonite, etc., autant de causes de mortalité.

6° Viennent en sous-ordre, dans notre pays, les maladies de l'appareil circulatoire, c'est-à-dire du cœur, des artères, des veines et vaisseaux lymphatiques.

(1) Le chiffre des aliénés, admis à l'Hospice d'humanité, avant d'être dirigés sur un asile spécial, s'est élevé progressivement, pendant ces dix dernières années de 10, 11, 14 à 15 et même à 20 et 26 une fois, par an.

(2) La variole, le croirait-on, fait encore en France 30.000 victimes par an. Qu'était-ce donc avant la découverte de la vaccine? Nous savons qu'à cette époque près de la moitié du genre humain était *gravée* et couturée.

7° Puis les maladies des organes génito-urinaires dans l'un et l'autre sexe.

8° Enfin les maladies de la peau et du tissu cellulaire, kystes, phlegmons, plaies et ulcères de toute nature, anthrax et dermatoses, enveloppées sous le nom populaire de dartres.

9° Il faudrait aussi mentionner les accidents de toute espèce, agressions diurnes et nocturnes, opérations chirurgicales, suicides, toutes causes susceptibles d'accroître encore la mortalité (1).

Hâtons-nous de dire qu'à Nimes ces deux dernières catégories apportent, heureusement pour nous, à la mort, un contingent assez faible. Les opérations chirurgicales, par exemple, sont, sous notre latitude, extrêmement bénignes. On peut s'en assurer en comparant les résultats obtenus à Montpellier, Nimes, Avignon, Aix et Marseille avec ceux de Lyon et Paris, toutes proportions gardées.

Les affections cancéreuses qui, pendant la dernière période quinquennale, ont présenté à Lyon une moyenne annuelle de 550 décès, sont loin d'atteindre parmi nous cette gravité.

Il faut en dire autant des meurtres et des suicides enregistrés à Nimes par comparaison avec ce qui se passe à Lyon et surtout à Marseille (2).

Sous ces divers rapports, l'avantage est tout en faveur de notre cité.

(1) Une statistique bien faite veut que les morts par accidents, qui étaient dans notre pays (France) de 15 pour 100.000 habitants en 1835, soient de 35 — — en 18?6.

Je ne puis que rappeler ici ce que j'ai dit ailleurs, sur l'accroissement des suicides et de la criminalité en général.

En 1885-1886-1887, on a compté de 19 à 20 mille criminels enfermés, sur lesquels il faut enregistrer 6 à 700 décès par an.

Le chiffre des aveugles est resté stationnaire, soit 40.000 individus affectés de cécité, lorsque aux Etats-Unis, dans le même intervalle de temps, le nombre des aveugles s'est accru, dit-on, de 150 pour cent.

On compte chez nous 100.000 bègues et sourds-muets.

(2) L'armée enregistre par an de 154 à 180 suicides.

Ceux-ci augmentent sensiblement d'une année à l'autre dans tous les rangs de la société.

Après ces considérations générales il conviendrait l'aborder l'étude de la mortalité au point de vue de la proportion exacte des décès qu'elle comporte dans les différents quartiers de la ville et dans la banlieue attenante. l y a là une œuvre utile et pratique, négligée jusqu'ici, et qu'il est urgent désormais d'entreprendre si on veut établir, par des chiffres officiels, quels sont les points les plus malsains et partant ceux qui sollicitent de préférence la sollicitude de nos administrations municipales. Rien n'est plus facile avec notre agglomération nimoise, dont les divisions naturelles en cantons, districts ou paroisses, comme on voudra les désigner, sont toutes racées.

Pour la solution, vaille que vaille, de ce grave et curieux problème, j'ai du faire le relevé et entreprendre l'analyse des documents publiés, dans le courant des cinquante dernières années, au sujet des épidémies cholériques et autres qui se sont abattues sur notre ville.

Il en résulte : 1° Que le taux de la mortalité est assez régulièrement proportionnel — en raison inverse bien entendu — à la dimension et à la commodité des logements, à la pente et à la largeur des rues, à la dissémination des populations sur un grand espace, aux conditions d'aération et de propreté de ces dernières et à la quantité d'eau dont elles disposent pour les besoins du ménage et de l'industrie.

2° Que les systèmes de vidanges et partant la création des dépotoirs et des égoûts doivent, comme leur entretien efficace, préoccuper incessamment l'attention des hygiénistes. Leur importance nocive aurait été, dit-on, quelque peu exagérée en ces derniers temps et, pour s'en convaincre, il suffirait de considérer ce qui se passe de temps immémorial dans nos fermes et dans tous nos hameaux sans exception (1).

Ce n'est pas ici le cas d'entreprendre une discussion puisée dans d'autres enceintes. Il me suffira de dire que les égoûts, par exemple, seront absolument sans danger à

(1) Où l'on ne se doute même pas de la valeur des plus élémentaires prescriptions de l'hygiène.

la condition d'être complètement étanches, d'avoir une déclivité considérable toutes les fois que cela sera possible, comme à Montpellier, dans l'ancienne ville, et enfin d'être abondamment et constamment lavés comme ceux de Lyon et Toulouse ou comme les rues de Carcassonne.

L'eau, l'air et la lumière ne constituent-ils pas les principaux et premiers éléments nécessaires à l'entretien de la vie ? *Aer pabulum vitæ.*

3° Il convient de mettre en ligne de compte, à côté de ces facteurs matériels et cosmiques, un certain degré d'aisance des habitants et mieux encore une réelle culture intellectuelle et morale.

On se ferait difficilement une idée exacte, si on n'en a pas été témoin plusieurs fois, de la somme de préjugés qui hante le cerveau des classes populaires à la ville et à la campagne et de la routine profonde ou de l'ignorance invincible qui pèsent sur cette masse de population, principalement en ce qui a trait aux maladies de l'enfance.

Et d'abord il est de règle dans ce monde-là que le médecin n'entend rien aux maladies des premiers âges. Combien la commère du coin de rue, le rebouteur dans son échoppe, la sorcière, le pasteur, le bourreau et autres encore, méritent bien davantage la confiance de ces braves gens !... Ces docteurs d'un nouveau genre ne parlent, comme leurs clients, que de vermine, d'humeurs acres, de frayeurs éprouvées, de bile soulevée, de chaud et froid, que sais-je. Et alors en avant les drastiques, les contre-vers, les cautères, la surcharge des couvertures en hiver, au point d'amener de véritables congestions internes, ou les raffraîchissants nocturnes en été principalement, tout à point pour provoquer la cholérine infantile, la broncho-pneumonie ou de vrais raptus vers le cerveau.

La même incurie, la même ignorance se font jour à l'encontre des soins de propreté, de l'emploi de l'eau chaude ou fraîche, en bains, en lotions de toute sortes. Nos populations languedociennes et provençales, trop souvent privées d'eau, sous un ciel d'azur d'une monotonie implacable neuf mois de l'année, se sont déshabituées, à ce qu'il semble, des ablutions les plus nécessaires.

A ce défaut de propreté, si accentué dans nos classes

ouvrières et agricoles, il faut joindre une forte dose de paresse et d'amour du commérage chez la femme de nos faubourgs. De là trop souvent une réelle négligence dans tout ce qui a trait au ménage, tenue de la maison à l'intérieur, soins à donner aux enfants, au mari lui-même qui, occupé dans les ateliers et chantiers extérieurs, ne trouve pas toujours à point la nourriture qu'il vient prendre à ses heures, ni le linge dont il a besoin.

J'aurai bien d'autres choses à dire encore et par exemple, sur l'abus des boissons alcooliques en progrès à Nimes, comme dans la plupart de nos villes, en toute saison et aussi sur l'abus non moins dangereux des fruits et légumes insuffisamment mûrs, durant la longue période d'été dans notre climat. On s'est beaucoup récrié à propos de Toulon, Aix et Marseille, contre l'usage immodéré des pastèques et des melons, en temps d'épidémie cholérique. Il y a une part de vérité dans ces reproches et notre ville doit en faire son profit désormais.

Je veux terminer ici ces considérations, non toutefois sans faire remarquer qu'il importe d'ajouter à l'actif des causes d'amélioration précitées, en dehors de cette culture intellectuelle et de cette aisance relative auxquelles je viens de faire allusion, cette autre richesse physiologique qui se nomme la santé congénitale ou acquise, assurément le premier des biens, et avec elle une somme raisonnable d'esprit de conduite, de vertus se donnant librement carrière, à l'abri d'institutions politiques et sociales sûres d'un lendemain.

Ce que je dis ici s'applique, naturellement, on le comprendra sans peine, non seulement à notre patrie locale, mais à toute la France.

Toutefois, qu'on veuille bien ne pas se méprendre sur la pensée qui me dicte ces réflexions. J'ai toujours fait fi des récriminations stériles et je me suis appliqué sans cesse à laisser à de plus entreprenants ou de plus habiles, comme on voudra, la tâche d'essayer une savante critique des institutions successives et très variées à travers lesquelles nous cascadons depuis tantôt un siècle entier.

Mais un fait s'impose à l'attention de tout ce qui pense et que préoccupe l'avenir de notre pays. Ce fait brutal et pénétrant comme une lame d'acier, a été relevé par M. le docteur Rochard, inspecteur général du service de santé de la marine, dans les discussions de l'Académie de Médecine en janvier 1885.

« Avant 1789, le nombre des habitants augmentait, dans » notre pays, de 6,02 pour 1.000 habitants par an. Aujour- » d'hui ce n'est pas même de 2 pour 1.000. Pendant ce » temps, l'Angleterre voit sa population s'accroître de 13 » pour 1.000 chaque année, l'Allemagne de 10 pour 1.000 » et l'Amérique, nous l'avons dit plus haut, a vu la sienne » décupler depuis le commencement du siècle. La France, » qui occupait jadis le premier rang et, à la veille même » de la Révolution, le second rang pour le chiffre de sa » population, est tombée au quatrième. Elle ne repré- » sente plus que le dixième de la population de l'Europe, » tandis qu'il y a moins de deux siècles, elle en consti- » tuait le tiers. Dans cinquante ans, si cela continue, nous » n'en formerons plus que le quinzième et nous serons » tombés au septième rang, parmi les petits Etats qui ne » comptent plus. »

Cet aveu se passe de commentaires. A un chacun d'en amoindrir, en ce qui le concerne, l'épouvantable gravité. Il faut, pour cela, rechercher les causes réelles, immédiates et persistantes d'un tel amoindrissement et s'efforcer par tous les moyens, d'enrayer sur cette pente fatale, au bout de laquelle se laisse entrevoir la ruine de notre pays. Il y va de l'intérêt et du devoir de tout le monde. Faisons appel aux sociétés savantes, à la presse, aux congrès économiques, aux diverses autorités locales, au gouvernement tout entier. Le mal est grand et pressant, il sollicite un prompt remède.

Ce n'est peut être pas trop du concours de toutes les volontés. Economie politique, morale, philosophie, religion, sciences exactes seront les bienvenues pour la solution du redoutable problème.

Je veux espérer toujours et quand même que, grâce à tant d'efforts bien dirigés et soutenus, il nous sera donné de reprendre et de réaliser longtemps encore la vieille devise de nos aïeux : *Gesta Dei per Francos !*

ÉTAT-CIVIL DE LA VILLE DE NIMES

Résultat des Registres de 1887.

Pièce annexe nº 1.

MOIS	NAISSANCES			MARIAGES		DÉCÈS			MORTS-NÉS		
	Garçons.	Filles.	Totaux	Publiés	Célébrés	Sexe mascul.	Sexe féminin,	Totaux	Garçons.	Filles	Totaux
Janvier.............. ..	86	69	155	78	41	99	78	177	10	1	11
Février................	58	61	119	36	43	96	93	189	3	3	6
Mars..................	69	72	141	43	20	121	109	230	3	6	9
Avril..................	74	56	130	57	52	80	66	146	9	3	12
Mai.............	65	51	116	66	45	76	66	142	1	3	4
Juin..................	56	66	122	51	41	64	63	127	5	5	10
Juillet............	73	63	136	52	38	104	78	182	9	3	12
Août..................	70	60	130	47	29	123	97	220	2	5	7
Septembre............	68	59	127	75	36	75	71	146	4	2	6
Octobre...............	77	63	140	85	73	78	68	146	4	3	7
Novembre..............	79	73	152	50	45	67	55	122	5	6	11
Décembre..............	53	58	111	34	26	71	80	151	10	4	14
Totaux......	828	751	1.579	674	489	1.054	924	1.978	65	44	109

Totaux......	828	751	1.579	674	489	1.054	924	1.978	65	44	109

NAISSANCES		MARIAGES		DÉCÈS PAR SEXE ET AGE				ACTES TRANSCRITS
ENFANTS		Entre Garçons		SEXE MASCULIN		SEXE FÉMININ		Art. 80 du Code civil
		Et Filles..........	402					
		Et Veuves.........	16					
		Et Divorcées.......	3	Au-dessous d'un an..	192	Au-dessous d'un an..	130	27
Légitimés.. Garçons.	757	Entre Veufs		De 1 à 5 ans........	171	De 1 à 5 ans........	154	
Légitimés.. Filles...	690	Et Filles..........	44	De 5 à 15 ans........	29	De 5 à 15 ans...... ..	24	
Naturels reconnus. Garçons.	45	Et Veuves.........	20	De 15 à 30 ans......	107	De 15 à 30 ans......	89	
Naturels reconnus. Filles...	22	Et Divorcées......	3	De 30 à 60 ans......	249	De 30 à 60 ans.... ..	193	DIVORCES (1)
Non reconnus. Garçons.	36	Entre époux divorcés	1	De 60 à 80 ans......	266	De 60 à 80 ans.......	256	
Non reconnus. Filles...	39			De 80 à 90 ans......	40	De 80 à 90 ans.......	72	30
				De 90 à 100 ans.....	»	De 90 à 100 ans.. ..	6	
Total...	1.579	Total.....	489	Au-dessus de 100 ans.	»	Au-dessus de 100 ans	»	

DÉTAILS DIVERS SUR LES MARIAGES

Nombre des mariages précédés d'actes respectueux................	6
— ayant été l'objet d'opposition................	»
— qui ont donné lieu à la rédaction d'un contrat devant notaire..................	144
Nombre des mariages entre — Neveux et tantes..............	»
Nombre des mariages entre — Oncles et Nièces.	»
Nombre des mariages entre — Beaux-frères et Belles-sœurs...	5
Nombre des mariages entre — Cousins et Cousines germains..	7
Nombre des mariages par lesquels des enfants naturels ont été légitimés..............................	11
Nombre des enfants ainsi légitimés..............................	13

Nombre des mariés qui ont signé leur nom.. Hommes............	468
Nombre des mariés qui ont signé leur nom.. Femmes............	424
Nombre des mariés qui n'ont su signer...... Hommes...........	21
Nombre des mariés qui n'ont su signer...... Femmes...........	65

Certifié exact :

Le Chef de division de l'Etat-Civil,

H. LAVAL.

(1) En 1885, 20 divorces ; en 1886, 23.

(Pièce annexe nº 2).

Naissances par 1.000 *habitants*			
Années.......	1865	1875	1885
Italie	38,3	37,9	36,9
Bavière........	36,9	41,6	36,2
Angleterse.....	35,4	35,5	33,3
Suisse.........	35,5	35,6	32,5
Belgique......	31,4	32,5	30,5
France........	26,3	25,4	24

Mortalité par 1.000 *habitants*			
Années	1865	1875	1885
Bavière	30,7	31,4	28,5
Italie..........	29,8	30,7	27,4
France........	23,6	22,7	22,2
Belgique	26,5	22,7	20,8
Suisse.........	»	24	20,3
Angleterre....	23,2	22,8	19,3

La comparaison de ces deux tableaux montre que l'excédant des naissances sur

les décès est, pour 1.000 habit.			
Années........	1865	1875	1885
Italie..........	8,5	7,2	9,5
Bavière........	6,2	10,2	7,7
Angleterre	12,2	12,7	14,1
Suisse.........	»	11,6	12,2
Belgique	6,9	10,2	9,7
France........	2,7	2,7	2,5

l'abaissement de la mortalité, (1875-1882) est de :

Angleterre	22,8 à 19,6	soit de	3,2
Belgique ..	22,7 à 20,8	—	1,9
Bavière ...	31,4 à 28,5	—	2,9
Suisse	24,0 à 20,3	—	3,7
Italie	30,7 à 27,4	—	3,3
France ...	23,7 à 22,2	—	1,5

Ainsi donc, sur une population de 100.000 habitants, la France s'accroît, chaque année de 250, la Bavière de 770, l'Italie de 950, la Belgique de 970, la Suisse de 1.220 et l'Angleterre de 1.440. D'autre part, nous voyons que la France occupe le dernier rang dans la diminution récente de la mortalité générale. Il résulte forcément de cet état de choses que l'élément étranger doit s'introduire progressivement parmi nous et, en effet, les chiffres officiels établissent que le nombre des étrangers fixés en France s'est élevé, dans la période de 1851 à 1881, de 379.000 à 1.001.000. Actuellement il est permis de supposer, sans crainte d'erreur, que sur 30 personnes habitant la France, il y en a une étrangère. (*Rapport Chamberlan*, 1888).

PREMIER TRIMESTRE 1888. — TAUX CORRESPONDANT DE LA MORTALITÉ ANNUELLE PAR 1.000 HABITANTS.

Londres	21,9
Manchester	28,9
Dublin	30,3
***	
Amsterdam	26,6
Rotterdam	29
***	
Paris	26,4
Lyon	26,8
Bordeaux	29,7
Marseille	33,4
Rouen	42
***	
Berlin	20,2
Hambourg	28,8
***	
Vienne	26,8
Prague	34,4
Buda-Pesth	34,8
***	
Bruxelles	25,3
Anvers	24,2
Gand	28,2
***	
Berne	29,3
Bâle	17,8
***	
Venise	33
Trieste	38,1
***	
Copenhague	24,1
Stockolm	24,1
Saint-Pétersbourg	31,3

(*Bulletin de statistique démographique de Bruxelles*).

MAISON CENTRALE DE NIMES. — RENSEIGNEMENTS DIVERS.

(Pièce annexe n° 3).

MOUVEMENT DE LA POPULATION.					MOUVEMENT DES INFIRMERIES.												
					ENTRÉES ET SORTIES					DÉCÈS		ALIÉNÉS					
													Entrées				
Existant au 31 décemb. 1876	Entrées du 1er janv. 1877 au 31 décemb. 1886	Total.	Sorties du 1er janv. 1877 au 31 décemb. 1886	Reste au 31 décemb. 1886	Existant au 31 décemb. 1886	Entrées du 1er janv. 1877 au 31 décemb. 1886	Total	Sorties du 1er janv 1877 au 31 décemb. 1886	Reste au 31 décemb. 1886	Années	Nombre	Années	Existant au 1er janvier	Entrés	Total	Sortis dans l'année.	Reste au 31 décembre
										1877	32	1876	»	»	»	»	»
										1878	42	1877	»	8	8	6	2
										1879	50	1878	2	6	8	3	5
										1880	67	1879	5	7	12	11	1
										1881	28	1880	1	1	2	»	2
										1882	24	1881	2	6	8	5	3
										1883	34	1882	3	5	8	5	3
1.138	6.140	7.278	6.212	1.066	45	5.177	5.222	5.186	36	1884	21	1883	3	2	5	1	4
										1885	29	1884	4	»	4	4	»
										1886	22	1885	»	»	»	»	»
												1886	»	6	6	5	1
												Totaux	20	41	61	40 +	20
										Total	349(1)	Reste au 31 décembre 1886......					1

N. B. — Je dois la communication de ce tableau à l'obligeance de M. le Directeur de la Maison centrale. (1) Moyenne dans 10 ans. 34,9

(Pièce annexe n° 4).

Dispensaire de la salubrité publique.

Le service du dispensaire de salubrité, tel qu'il fonctionne actuellement, a été organisé, en 1869, par les soins de M. Balmelle, alors maire de la ville de Nimes. Je n'ai pas à dire ce qu'il était avant cette époque, mais il est juste de reconnaître que, sous ce rapport, le présent marque une ère sensible d'amélioration et de progrès sur le passé. Au reste les diverses administrations municipales qui se sont succédées chez nous dans ces dix-huit dernières années, n'ont guère apporté que de légères modifications au règlement édicté par le dernier maire de l'Empire, en vigueur encore aujourd'hui (1).

A Nimes, comme dans la plupart des grandes villes, le mouvement, soit dans le nombre des maisons de tolérance soit dans le personnel qui les constitue, offre une réelle décroissance depuis les évènements de 1870.

De 14 maisons cotées à cette date, nous sommes descendus à 11, avec une moyenne de 70 femmes pour l'ensemble de ce monde là.

Les filles isolées, occupant cinq garnis, ne sont plus guère que 16 à 18 au lieu de 25 ou 30.

D'après cela, qu'on ne se hâte pas de conclure que nous nous trouvons en voie d'amélioration réelle sous le rapport de la dignité et des mœurs. Il me serait trop facile de prouver le contraire et par exemple de démontrer avec preuves à l'appui que la prostitution clandestine va tous les jours augmentant parmi nous... Or chacun sait que ce sont principalement les filles insoumises qui récèlent les plus grands dangers. A Paris, par exemple, au lieu des 4.400 prostituées soumises aux visites réglementaires en 1860, il n'y en a plus actuellement que 2.000, dont 500 dans les maisons de tolérance, et cependant on compte

(1) Voir aux archives municipales les arrêtés des 11 juin 1831, signé de Chastelier ; 1er juin 1853, signé Vidal : 7 septembre 1869, signé Balmelle ; 27 juin 1879, signé Blanchard.

plus de 40.000 filles indépendantes et au moins 100,000 provocations de leur part tous les jours (1).

Dans notre ville, la prostitution libre, clandestine ou avérée, a fait, dans ces dernières années, des progrès effrayants. Un recensement méthodique indiquait le chiffre de 500 femmes en 1876 ; aujourd'hui on en compterait facilement 1.000.

Nous devons cela à plusieurs causes, entre lesquelles il faut mentionner l'accroissement de la garnison, la facilité des voyages et transports par chemins de fer, mais surtout la création de cafés-concerts qui pullulent tout à l'heure à Nimes comme les brasseries à femmes dans d'autres pays.

La police ne peut absolument rien contre ces établissements, de quelque nom qu'ils se décorent, et qui ne sont en réalité que des maisons de tolérance déguisées. Autrefois les débits de vins, bière ou autres boissons ne pouvaient être ouverts sans une autorisation préalable. Aujourd'hui, en vertu de la loi de 1880 (Art. 6) — loi déplorable et blâmable à tous égards — cette autorisation n'est plus nécessaire.

Aussi qu'est-il arrivé dans ces derniers temps? C'est que sur 60 filles envoyées à l'hôpital pour maladies honteuses, 45 sortaient de ces maisons, et je répète que la police ne peut rien contre les 45 autres qu'il serait facile de découvrir au fond de ces repaires d'un nouveau genre. La moyenne des malades, prises parmi les surveillées, comprenant des affections de toute sorte — point toujours de nature vénérienne — et envoyées à l'hôpital, est de 30 par an environ.

Voici le tableau du mouvement des filles soumises, pendant une période de 16 ans. Je néglige à dessein le dernier trimestre de 1869, date de la réorganisation du service sanitaire. Il y a eu à cette époque dix malades dirigées sur l'hôpital. Les états de service concernant les années 1870 et 1871, ont été égarés je ne sais trop pour quelles causes. Petite perte d'ailleurs, ces états, j'en ai la certitude, avaient une réelle similitude avec ce qui a été relevé plus tard.

(1) Académie de Médecine, séance du 21 février 1888, Discours de M. Le Fort.

MOUVEMENT DES MAISONS DE TOLÉRANCE

COMPRENANT

11 maisons proprement dites occupées en moyenne par 70 filles. — 5 garnis, habités par 16 à 18 personnes surveillées.

Années	Nombre de filles	Ulcères et chancres.	Blennorrhagie.	Syphilis à toutes les périodes.	Malad. ordinair. extra-vénér.	Vaginite et métrite cervicale	Total
1872	125	6	16	8	2	12	44
1873	132	5	18	9	3	8	43
1874	129	6	12	3	2	10	36
1875	128	3	13	4	1	7	28
1876	128	5	14	6	4	6	35
1877	127	8	14	3	2	9	36
1878	126	2	17	3	1	7	30
1879	119	6	11	5	1	9	32
1880	129	7	10	7	2	6	32
1881	125	6	7	2	1	5	21
1882	124	9	8	9	1	9	35
1883	123	10	8	6	1	10	35
1884	126	9	9	7	3	12	40
1885	125	2	7	4	2	5	20
1886	123	4	8	6	»	6	24
1887	123	3	9	3	»	4	19
Ann. 16	2.022	91	181	88	26	125	511

Sur ce nombre total de 2.022 prostituées, les filles illétrées, paysannes et montagnardes, domestiques pour la plupart, figurent dans la proportion de 50 à 60 pour 100.

Les enfants naturels comptent à peu près pour un huitième. Les femmes mariées ne sont pas moins de 4 à 5 pour 100. Le restant de ce personnel se recrute dans toutes les classes de la société et toutes les conditions, modistes, ouvrières lingères, filles trompées et abandonnées, écuyères, chanteuses de café, élèves des écoles de l'État, la plupart vicieuses, gourmandes et paresseuses par dessus tout.

Les étrangères, comprenant des suissesses, des flamandes, des hongroises, des autrichiennes, des anglaises — en plus grand nombre des espagnoles et des italiennes — quelques africaines et jusqu'à des négresses, forment presque le quart du personnel des maisons de tolérance.

Il est à remarquer que les allemandes proprement dites, nombreuses il y a quelques vingt ans, sont assez rares, à Nimes du moins, depuis les évènements de 1870 (1).

(1) Pour tout ce qui a trait aux questions concernant la prostitution publique en France et à l'étranger voir l'ouvrage classique de Parent-Duchatelet, le Mémoire du docteur J. Jeannel, de Bordeaux, 1862, le travail de M. C.-J. Lecour, chef de bureau à la préfecture de police, Paris, 1875, et les dernières discussions à l'Académie de médecine.

Nimes. — Typ. F. Chastanier, 12, Rue Pradier.

www.ingramcontent.com/pod-product-compliance
Ingram Content Group UK Ltd.
Pitfield, Milton Keynes, MK11 3LW, UK
UKHW020429230726
13925UKWH00004B/1664